DE L'EMPLOI

DES

IODURES DE POTASSIUM

ET DE FER

ET DE LEUR MEILLEUR MODE D'ADMINISTRATION

SUIVI D'OBSERVATIONS PRATIQUES

PAR

LE DOCTEUR DESPARQUETS

PARIS

CHEZ L'AUTEUR, RUE DE CLÉRY, 96

Et à la Pharmacie LAROZE, rue Neuve des Petits-Champs, 26

1862

NOTICE

SUR LE SIROP D'ÉCORCES D'ORANGES AMÈRES

PRÉPARÉ SPÉCIALEMENT AVEC LES ÉCORCES DU GOLFE DU MEXIQUE

Par J.-P. LAROZE, Chimiste, Pharmacien de l'École supérieure de Paris.

PARTIE CHIMIQUE

L'oranger qui produit le fruit dont l'écorce, comme agent thérapeutique, a été depuis si longtemps l'objet de mes recherches, est originaire de la Chine. JEAN DE CASTRO l'apporta pour la première fois en Portugal, vers l'an 1520. De là, il s'est répandu sur tout le continent, mais principalement dans les pays chauds. Il est le seul entre les végétaux, dont toutes les parties soient utilisées en médecine ; il a formé la base ou l'accessoire du plus grand nombre de préparations médicales, qui ont été regardées par leurs auteurs comme STOMACHIQUES EXCITANTES ET ANTI-SPASMODIQUES.

Toutes ces préparations n'auraient jamais pu naître ni se perpétuer jusqu'à nous, si elles n'avaient eu pour soutien des propriétés réelles ; et ce fut pour établir à quels principes elles étaient dues, que je soumis à un examen chimique rigoureux les écorces d'oranges amères de diverses contrées, et en particulier celle dite CURAÇAO DE HOLLANDE, auquel j'accorde toujours la préférence pour la préparation du sirop d'écorces d'oranges amères. Elle est composée d'huile volatile, d'amidon, de gomme, d'une matière colorante particulière, d'un extractif amer, entièrement soluble dans l'eau, d'une substance oléo-résineuse odorante, insoluble dans le même liquide, de fibre végétale, de sels terreux. Des expériences réitérées me permettent d'assurer que toutes les propriétés de cette écorce sont dues entièrement à la matière extractive amère, et au principe oléo-résineux. Dans la pluralité des cas, ces deux substances ont une action parfaitement harmonisée et concourent simultanément à la guérison de certaines affections. C'est à leur réunion que le sirop d'écorces d'oranges amères doit la propriété thérapeutique très-remarquable d'être laxatif. Aussi plusieurs médecins le désignent-ils par le nom de LAXATIF, lui ayant reconnu la puissance de produire des évacuations naturelles. L'explication physiologique de ce fait est que, dans certains cas pathologiques, les TONIQUES peuvent devenir DIURÉTIQUES, SUDORIFIQUES OU APÉRITIFS, suivant que la force médicatrice de la nature, en rétablissant l'harmonie des fonctions, produit des mouvements critiques, soit par les sueurs, soit par les urines, soit par les matières fécales ; de même, le SIROP D'ÉCORCES D'ORANGES, agissant comme tonique, produit, en vertu des mêmes lois physiologiques, des évacuations naturelles.

Ce sont ces propriétés, bien constatées, qui ont fait choisir le sirop d'écorces d'oranges amères pour devenir l'excipient réel de l'iodure de potassium (1), et en ont fait, sous le patronage des sommités médicales, l'altérant et le dépuratif le plus pur. Ce sont ces mêmes propriétés qui en ont fait encore, sous le même patronage, non-seulement l'excipient, mais encore le réactif conservateur du protoiodure de fer en l'alliant au sirop à doses déterminées, de sorte qu'il est facile d'en graduer l'action tonique suivant la nature du sujet. Sous l'influence des principes amers et diffusibles de l'écorce d'oranges, l'élément ferreux passe facilement dans le torrent de la circulation et produit un effet prompt et général.

(1) Voir chaque instruction spéciale.

DE L'EMPLOI

DES

IODURES DE POTASSIUM ET DE FER

ET DE LEUR MEILLEUR MODE D'ADMINISTRATION

SUIVI

D'OBSERVATIONS PRATIQUES

———

Le but que nous nous proposons dans ce travail est de faire ressortir toute l'importance thérapeutique des iodures de potassium et de fer, d'étudier leurs propriétés et leur mode d'action, de préciser les cas principaux dans lesquels ils agissent d'une manière vraiment spécifique; enfin, d'indiquer le meilleur mode d'administration de ces médicaments, qu'on peut ranger, à juste titre, au nombre des plus puissants qui soient employés dans l'art de guérir. Nous démontrerons que leur emploi, qui est toujours efficace lorsqu'il est méthodique et rationnel, peut entraîner des accidents lorsqu'il est intempestif ou que leur préparation est défectueuse.

Pour arriver à ce résultat, nous nous appuierons sur les observations recueillies en France et à l'étranger par les professeurs des Facultés, les médecins des hôpitaux et les praticiens les plus distingués. Nous mettrons à profit les travaux publiés dans les principaux ouvrages et journaux de médecine. Nous ajouterons, à ces preuves recommandables en faveur de ces agents si précieux de la matière médicale, ce que notre expérience personnelle nous a appris, nous qui, depuis tant d'années déjà, faisons une étude spéciale des maladies chroniques ayant pour cause première une altération constitutionnelle du sang et des humeurs, et nous terminerons en rapportant quelques faits tirés de notre pratique médicale, où les résultats que nous obtenons journellement ne peuvent plus laisser de doute dans notre esprit sur la valeur thérapeutique des **Iodures de potassium et de fer.**

IODURE DE POTASSIUM

L'iodure de potassium se trouve dans la nature. On le rencontre dans l'éponge, les plantes marines, les eaux mères des différentes salines, et même dans la plupart des plantes d'eau douce, ainsi que l'a démontré M. Chatin.

Ce sel est employé en médecine depuis les temps les plus reculés. En effet, les Chinois avaient recours contre le goître à l'éponge et aux plantes marines qu'ils préparaient de diverses manières. MM. Boussingault et Dorvault rapportent que, dans plusieurs contrées d'Amérique et en Espagne, les habitants faisaient usage avec succès, pour combattre le goître, les engorgements et tous les symptômes de la scrofule et du rachitisme, de l'éponge, des algues marines, des eaux mères et de certaines eaux minérales : Ces dernières doivent évidemment leurs propriétés à l'iode et à ses composés qu'elles contiennent, ainsi que l'a constaté l'analyse chimique. Les principales eaux iodurées sont, en France : Salins (Jura), Salles (Basses-Pyrénées), Cauterets, St-Sauveur, Baréges (Hautes-Pyrénées), Plombières (Vosges), Évaux (Creuse), Bondonneau (Drôme), Aix et Challes (Savoie); en Allemagne : Heilbronn et Kissengen (Bavière), Hombourg, Nauheim (Hesse), Kreutznach (Prusse); en Italie : Asti (Piémont), Montechia (Naples); en Espagne : les puits de Saragosse ; aux États-Unis : Saragota. Enfin, les poudres de Sency, de Coventry, etc., si renommées autrefois contre le goître, ne devaient leur réputation qu'à l'iodure de potassium contenu dans l'éponge dont elles étaient en partie formées.

Nous devons dire ici quelques mots de l'iode, à qui l'iodure de potassium doit ses principales propriétés.

L'essor que prirent les travaux chimiques au commencement de notre siècle, les moyens d'analyse, devenus de plus en plus parfaits, firent découvrir plusieurs corps simples, en tête desquels on doit placer l'iode. C'est à Courtois, chimiste de Dijon, qu'on est redevable de ce précieux métalloïde, dont il fit la découverte en 1812 dans les eaux mères des soudes de varechs. Gay-Lussac lui donna le nom d'*iode* qui signifie violet. Il fut introduit dans la thérapeutique en 1819 par Coindet, médecin de Genève. Il ne tarda pas à recevoir de nombreuses applications en raison des succès qu'il faisait obtenir dans des affections considérées jusque-là comme au-dessus des ressources de l'art. Lugol, Baron, Gimelle, Richond, en France ; Gairdner, Mauson, en Angleterre ; Jean de Carro, Brera, Hufeland, en Allemagne, contribuèrent puissamment à en étendre l'emploi.

On peut résumer les propriétés de l'iode en disant qu'il agit d'une manière directe sur les humeurs, qu'il s'oppose à l'absorption des venins et des virus, et qu'en se combinant chimiquement à ces humeurs et aux tissus, il fait obstacle à l'action malfaisante de l'air et détruit le principe morbide, pour ainsi dire, sur place. L'iode n'est donc plus simplement un agent thérapeutique, mais encore un puissant préservatif toutes les fois qu'il s'agit d'éviter l'infection purulente ou d'arrêter la fermentation putride.

Mais quelques accidents survenus pendant l'administration de l'iode et attribués, non sans raison, à son action irritante, inspirèrent des craintes et rendirent plus circonspect. Il fut dès lors remplacé, à l'intérieur surtout, par le plus puissant de ses composés, l'*iodure de potassium*. Nous allons examiner rapidement les effets physiologiques et les propriétés thérapeutiques de ce sel, qui possède, ainsi que nous pouvons déjà le dire, tous les avantages de l'iode sans en avoir les inconvénients.

Effets physiologiques. — L'iodure de potassium a une action directe et très-sensible sur les sécrétions, en général, qu'il excite et active. Ses effets sur la peau, les muqueuses et les reins sont très-prononcés. Il exerce aussi quelquefois une influence sur la circulation et le sang lui-même, ainsi que sur le système nerveux et musculaire.

Il n'est donc pas rare de voir survenir, sous l'influence de l'iodure de potassium, des éruptions de peau de formes variées et affectant les diverses parties du corps. Les fonctions digestives sont ordinairement activées, mais souvent il existe en même temps une irritation de l'estomac caractérisée par de la douleur, de la soif, une exagération de l'appétit qui constitue un état morbide, et quelquefois enfin des vomissements et de la diarrhée. On rencontre aussi une salivation spéciale et d'une assez grande abondance, accompagnée d'une saveur métallique ou salée. La sécrétion de l'urine est, en général, augmentée, et cela dans des proportions souvent considérables. On a également noté un état catarrhal de la conjonctive, surtout dans les premiers jours de l'emploi de ce médicament.

Lorsque ces accidents se manifestent, il suffit de cesser l'administration de l'iodure de potassium pour les voir disparaître rapidement. Mais, hâtons-nous d'ajouter qu'il n'y a plus à les redouter aujourd'hui avec la préparation iodurée qui est généralement adoptée, et dont nous allons bientôt parler.

Propriétés thérapeutiques. — Ce que nous venons de dire des effets physiologiques de l'iodure de potassium, et principalement du surcroît d'activité qu'il imprime aux organes sécréteurs de la sueur, de l'urine, de la salive, des larmes, etc., servira à expliquer ses propriétés thérapeutiques ainsi que ses diverses applications. Pour donner la preuve de son importance, il nous suffira de citer les nombreuses maladies dans lesquelles son action médicatrice a été démontrée par les observations des praticiens qui ont eu recours à son emploi.

Ainsi, l'iodure de potassium agit d'une manière spécifique dans les affections scrofuleuses, lymphatiques, tuberculeuses, le rachitisme, la carie des os, la phthisie, la méningite aiguë et chronique, l'hydrocéphale, l'hypertrophie des ventricules du cœur (Magendie), le rhumatisme articulaire, la coxalgie, les engorgements lymphatiques, le carreau, les tuméfactions rhumatismales et goutteuses indolentes, les tumeurs de diverses natures, le goître, les tumeurs blanches, les tumeurs du sein, le gonflement chronique des testicules, les kystes de l'ovaire, l'engorgement du col utérin, les cancers (associé à la ciguë et à l'aconit), le cancer de l'estomac (Barras), les accidents syphilitiques secondaires et tertiaires, les exostoses, les douleurs ostéocopes, les accidents causés par le mercure et par le plomb, la salivation scorbutique et mercurielle, l'ébranlement des dents, les maladies nerveuses, l'épilepsie (Magendie), les maladies chroniques de la peau, les teignes, les plaies de mauvaise nature, les ulcères, l'ozène, l'onyxis, les engelures, certaines affections des yeux, telles que la cataracte, le staphylôme, la tumeur et la fistule lacrymales (Auguste Bérard).

Les résultats heureux obtenus dans cette longue énumération d'infirmités humaines ont été attestés par MM. Magendie, Lisfranc, Gendrin, Bérard, J. Cloquet, Cruveilhier, Chomel, Andral, Rostan, Bouillaud, Piorry, Marjolin, Blache, Trousseau, Nélaton, Ricord, etc., etc.

Nous citerons encore les faits suivants : Le docteur Usphur, de Norfolk, en Virginie, rapporte dix observations favorables à l'emploi de l'iodure de potassium dans la pneumonie au 3e degré ou période de suppuration (*The medical examiner*, 1843).

Le docteur John Coldstream, d'Édimbourg, emploie l'iodure de potassium avec un succès presque constant dans la méningite tuberculeuse. Dans l'ascite, le docteur Thirion, de Namur, compte plusieurs cas de guérison à l'aide du même médicament.

Le docteur Gusmann a fait usage de l'iodure de potassium avec beaucoup d'avantage chez des fondeurs et des doreurs affectés d'hydrargyrose.

Le 5 février 1849, le docteur Melsens a adressé un mémoire à l'Académie des sciences sur l'emploi de l'iodure de potassium pour combattre les accidents causés par le mercure et le plomb. La médication proposée par l'auteur, et par M. le professeur Natalis Guillot, repose : 1° sur la propriété que possèdent tous les composés insolubles formés par les sels de mercure et la matière qu'on rencontre dans l'économie de se dissoudre dans l'iodure de potassium ; 2° sur la rapidité et la facilité avec lesquelles l'économie se débarrasse de l'iodure de potassium. On peut donc le considérer comme la préparation la plus propre à éliminer du corps le plomb et le mercure. Les auteurs, afin de prouver que l'expérience confirme leur théorie, citent plusieurs cas de guérison radicale chez des individus affectés de tremblement mercuriel : l'un d'eux a été guéri complétement sans cesser de travailler le mercure.

M. Malherbe, médecin de l'Hôtel-Dieu de Nantes, a publié un mémoire sur l'emploi de l'iodure de potassium dans la colique de plomb. Il le donne à la dose de 0, 50 centigrammes par jour, en trois fois, et le continue tant que la salive et les urines indiquent des traces de plomb. Il lui associe l'extrait de belladone, la strychnine et les bains sulfureux, en cas de paralysie consécutive.

Dans cette dernière circonstance, l'électricité agit d'une manière toute spécifique.

M. Horace Green, de Boston, obtient des succès remarquables dans le traitement de l'asthme au moyen d'une mixture qui a pour base l'iodure de potassium.

En présence de ces faits, on peut conclure que l'iodure de potassium est bien le plus sûr altérant et le meilleur dépuratif que la matière médicale possède aujourd'hui : altérant, en ce qu'il change d'une manière insensible, c'est-à-dire sans évacuation, l'état des solides et des liquides ; dépuratif, en ce qu'il neutralise et chasse de l'économie animale le principe morbide qui constitue le germe des maladies chroniques.

Doses et modes d'administration. — L'iodure de potassium s'administre sous bien des formes : en solution, pilules, dragées, pastilles, chocolat, biscuits, pains, etc.; mais ces différentes préparations causent presque toujours, au bout de quelque temps, une grande répugnance aux malades et déterminent également des accidents qui forcent de renoncer à une médication qui demande un emploi assez prolongé pour produire toute son efficacité. Il fallait donc trouver une nouvelle préparation qui, sans enlever à ce médicament aucune de ses propriétés, le rendît supportable tout le temps nécessaire pour un traitement complet. Nous pouvons dire aujourd'hui que cette difficulté a été surmontée, grâce aux recherches de M. J.-P. Laroze, pharmacien de l'École

de Paris. Cet habile chimiste, en incorporant l'iodure de potassium au sirop d'é-
corces d'oranges amères, a rendu un véritable service à la thérapeutique. En effet,
l'association de l'iodure de potassium avec le sirop d'écorces d'oranges amères est des
plus heureuses : par sa composition chimique, ce sirop dissout entièrement le sel
potassique et le rend parfaitement assimilable ; par ses propriétés toniques et anti-
nerveuses, il devient un adjuvant utile de l'iodure et neutralise complétement son
action irritante, pour ne laisser subsister que ses propriétés de dépuratif le plus précieux de la matière médicale.

Avec cette préparation, il n'y a plus d'accidents à craindre ; son emploi peut être
continué aussi longtemps que l'exige la nature de l'affection qu'on a à traiter. Il n'est
donc pas surprenant qu'elle remplace aujourd'hui avec avantage l'huile de foie de
morue, le sirop anti-scorbutique, les robs soi-disant dépuratifs, et ces médicaments
répugnants et souvent dangereux, que l'on supposait destinés à reconstituer le sang
appauvri et vicié dans les affections constitutionnelles. Aussi, les médecins l'ont-ils
adoptée avec empressement, et a-t-elle été accueillie avec faveur par la presse médicale.

La quantité d'iodure de potassium incorporée au sirop d'écorces d'oranges amères
étant définie et toujours identique, il devient très-facile de doser ce médicament.
Ainsi, chaque cuiller à bouche contenant 20 grammes de sirop renferme 0, 40 centigrammes d'iodure, et la cuiller à café, qui représente le quart de celle-ci ou 5 grammes
de sirop, en renfermera, par conséquent, 0, 10 centigrammes.

Quant à la quantité d'iodure de potassium à administrer dans un temps déterminé,
il nous est impossible de formuler des doses précises, attendu qu'elles doivent être
subordonnées à l'âge, au sexe, au tempérament de chaque individu, ainsi qu'à la nature, à la durée et à la marche de la maladie. Il en est de même du temps pendant
lequel le traitement doit être institué. Mais, nous devons dire que l'observation nous
a appris que l'efficacité de l'iodure de potassium est bien plutôt en raison de la durée
de son emploi, que de la quantité ingérée dans un temps donné. Il en est de même
de la plupart des médicaments qui ont pour but de modifier profondément la constitution. Enfin, nous indiquerons d'une manière générale que la dose pour les adultes
est de une à quatre cuillerées à bouche, et pour les enfants de une à quatre cuillerées à café par jour.

Au témoignage des savants médecins que nous avons cités touchant les propriétés si
remarquables de l'iodure de potassium, nous allons ajouter, pour terminer ce qui
concerne ce médicament, quelques observations qui nous sont personnelles, et que
nous croyons de nature à prouver sa puissante action médicatrice.

Engorgements lymphatiques, Tumeurs et Ulcères scrofuleux.

1.—M. R...., âgé de 16 ans, est affecté, depuis son enfance, d'engorgements lymphatiques des ganglions du cou, qui ont pris, depuis peu de temps, un accroissement tel
qu'on craint de voir se former des abcès, dont l'ouverture produirait des cicatrices ap-
parentes et difformes. Plusieurs traitements ont déjà été suivis sans amélioration.
Consulté pour ce jeune homme, nous prescrivons l'iodure de potassium incorporé au
sirop d'écorces d'oranges amères à l'intérieur, et la pommade iodurée à l'extérieur.

Huit mois de ce traitement suivi avec beaucoup de régularité suffisent pour faire dissoudre ces glandes engorgées et transformer complétement le tempérament lymphatique de notre malade.

2. — M. G...., âgé de 38 ans, tempérament scrofuleux, porte à la jambe droite plusieurs ulcères entretenus par une carie du tibia. Cette affection remonte à une douzaine d'années environ. Soumis à l'usage du sirop d'écorces d'oranges amères ioduré et aux injections iodées dans les trajets fistuleux, cet individu obtient une guérison complète au bout de six mois de traitement.

3. — M. L...., âgé de 23 ans, clerc d'huissier, est issu de parents scrofuleux. Son père est mort à 48 ans, ayant une carie de la colonne vertébrale. Sa mère porte au cou des cicatrices d'abcès désignés sous le nom d'humeurs froides. Ce jeune homme a eu depuis son enfance des tumeurs qui se sont ouvertes à plusieurs reprises, notamment aux deux côtés du cou et en avant de la poitrine, sur le sternum. L'huile de foie de morue et l'huile iodées, administrées à plusieurs reprises, n'ont produit que peu de résultat chez ce sujet qui, du reste, ne peut plus les supporter. Consulté sur un nouveau traitement à instituer, nous conseillons le sirop d'écorces d'oranges amères ioduré à doses progressivement croissantes. Cette préparation est bien supportée, et au bout de quatre mois de son emploi, nous avons la satisfaction de voir les ulcères se cicatriser, les tumeurs diminuer de volume, et l'état général de notre malade s'améliorer au point de lui permettre de reprendre ses occupations, qu'il avait été obligé d'abandonner depuis plus d'un an.

Tumeurs et Ulcères cancéreux.

4. — Madame G...., âgée de 40 ans, porte au sein droit une tumeur du volume d'un œuf de pigeon. Cette affection, qui a commencé il y a trois ans, augmente beaucoup de dimension depuis quelques mois et occasionne des douleurs lancinantes qui font craindre un cancer, au point qu'un chirurgien consulté a proposé l'extirpation. Avant d'en venir à cette extrémité, nous conseillons l'iodure de potassium, et cinq mois de son emploi suffisent pour faire disparaître complétement les douleurs, et réduire la tumeur à un noyau à peine sensible. Le traitement doit être repris après quelques mois de suspension.

5. — Madame de B...., âgée de 46 ans, est affectée à la partie supérieure de la joue droite, près l'angle interne de l'œil, d'une plaie de la dimension d'une pièce de cinquante centimes environ. Cette dame est très-inquiète de sa position, qu'elle ne voit pas s'améliorer malgré plusieurs traitements régulièrement suivis. Cette plaie de mauvaise nature a été considérée par les uns, comme un lupus ou dartre rongeante, par d'autres, comme un ulcère cancéreux : nous sommes de ce dernier avis motivé par l'âge de la malade, son état général et la nature lancinante des douleurs. Nous soumettons madame de B.... à l'usage du sirop d'écorces d'oranges amères ioduré, que nous portons d'une cuillerée à quatre, en ayant soin de le suspendre pendant cinq à six jours chaque mois. Cette préparation a été parfaitement supportée, bien que l'estomac fût déjà fatigué par des médications antérieures, et, après huit

mois de son emploi, conjointement avec quelques cautérisations spéciales, notre malade voit se cicatriser un ulcère qui avait duré trois ans, et qui l'avait, à juste titre, tant effrayée.

6. — M. P...., âgé de 55 ans, officier retraité, a le testicule gauche qui a doublé de volume depuis près de deux ans. Cette tumeur, dure, bosselée et produisant des douleurs vives et intermittentes, a été considérée comme de nature cancéreuse par plusieurs chirurgiens. Nous administrons le sirop d'écorces d'oranges amères ioduré, et trois mois de son emploi suffisent pour obtenir la résolution de la tumeur et faire disparaître les douleurs.

Phthisie pulmonaire.

7. — Mademoiselle R...., âgée de 17 ans, a perdu son père un an environ après sa naissance. Au dire des médecins qui lui ont donné des soins, M. R...., qui avait alors 30 ans, serait mort phthisique. Quoi qu'il en soit, sa fille, d'un aspect assez débile, est atteinte, depuis plusieurs années, d'une toux sèche qui la fatigue beaucoup ; il y a eu des crachements de sang à deux ou trois reprises différentes, et l'examen de la poitrine a fait dire à un professeur de la Faculté appelé en consultation par la mère de cette jeune personne, qu'il n'hésitait pas à déclarer qu'il existait une phthisie confirmée, mais à son début. Nous faisons accepter comme base du traitement l'iodure de potassium incorporé au sirop d'écorces d'oranges amères, afin d'être sûr qu'il sera bien supporté ; il fut employé à faible dose d'abord, trois cuillerées à café par jour, et progressivement on le porta à deux cuillerées à bouche, une matin et soir. Ce médicament est ainsi parfaitement toléré, et on peut le continuer pendant un temps assez long pour modifier la constitution de cette jeune personne. Enfin, aujourd'hui, mademoiselle R.... a 22 ans ; elle s'est formée sans accidents ; son état général s'est sensiblement amélioré, et toute trace d'affection des organes de la respiration a disparu.

Maladies de peau, Affections dartreuses, Ulcères variqueux.

8. — M. X...., âgé de 45 ans, notaire, était atteint depuis quatre ans d'une affection dartreuse des mains et des avant-bras, pour laquelle il avait suivi, pendant dix-huit mois, différents traitements que lui avaient conseillés des praticiens distingués. Sauf de légères améliorations survenant de temps à autre et sans durée, l'état de ce malade n'a pas sensiblement changé.

Nous lui prescrivons le sirop d'écorces d'oranges amères à l'iodure de potassium, et, de temps en temps, de légers purgatifs. Au bout de quatre mois de ce traitement, l'éruption a disparu, et, depuis plus de deux ans, la guérison ne s'est pas démentie.

9. — M. L...., âgé de 28 ans, ouvrier mosaïste, porte aux deux jambes une éruption eczémateuse (dartre squammeuse humide) des plus intenses ; la marche est devenue à peu près impossible depuis plus d'une année. Admis aux consultations de l'hôpital Saint-Louis, pendant environ six mois, sans voir son état s'améliorer, L....

avait renoncé aux traitements fort coûteux qui lui étaient prescrits, lorsqu'il nous fut adressé par un de ses camarades d'atelier que nous avions soigné antérieurement. L'emploi du sirop d'écorces d'oranges amères à l'iodure de potassium, avec des applications de cataplasmes de fécule de pommes de terre pour tout pansement, débarrassèrent complétement ce malade de son affection, au bout de deux mois et demi de traitement.

10. — M. P...., âgé de 63 ans, prêtre desservant une petite commune des environs de Versailles, nous est adressé par un de nos confrères habitant sa localité, pour que nous lui donnions notre avis sur des ulcères situés à la jambe droite et qui remontent à une dizaine d'années. Nous trouvons cette jambe, qui est d'un tiers au moins plus volumineuse que celle du côté opposé, envahie par des varices ulcérées en trois endroits différents; nous prescrivons le sirop d'écorces d'oranges amères ioduré à la dose de trois cuillerées à soupe par jour, et nous faisons un premier pansement avec des bandelettes de diachylon, d'une longueur suffisante pour faire une fois et demie le tour de la jambe. Ce traitement, continué régulièrement pendant cinq mois environ, a complétement débarrassé M. P.... d'ulcères qui, depuis quelque temps, avaient pris une marche de plus en plus envahissante.

11. — M. L...., âgé de 36 ans, employé des douanes, a le corps parsemé de taches cuivrées, et, de plus, est atteint, au fond du gosier, de petits ulcères grisâtres fort douloureux. Ces symptômes sont les suites de maladies contagieuses mal soignées. Nous soumettons ce sujet à l'iodure de potassium incorporé au sirop d'écorces d'oranges amères, et nous prescrivons en outre un gargarisme iodé. Au bout de quatre mois, la maladie de peau et les ulcères ont disparu.

12. — Madame F...., âgée de 32 ans, maîtresse de pension en province, est affectée, depuis huit ans environ, d'une éruption dartreuse aux bras et aux cuisses, qui revient périodiquement et presque constamment chaque mois avant l'époque de la menstruation, dure ordinairement de six à huit jours avec des démangeaisons intolérables, et cesse ensuite pour reparaître le mois suivant. Cette malade, qui a déjà suivi des traitements de toute sorte, est mise par nous à l'usage du sirop d'écorces d'oranges amères ioduré ; elle en prend quinze jours, chaque mois, pendant une année, et depuis plus de trois ans que cette médication est terminée, l'éruption dartreuse, qui avait cédé au septième mois de son emploi, n'a pas reparu.

Rhumatismes goutteux, Gonflements articulaires.

13. — M. C...., âgé de 57 ans, ancien notaire, est sujet depuis fort longtemps déjà à des douleurs dans les articulations du pied, accompagnées de gonflement, et qui ont tout le caractère de rhumatisme goutteux. La douleur est fort vive et oblige le malade à garder le lit, surtout pendant les temps froids et humides. Consulté par M. C...., nous lui conseillons le sirop d'écorces d'oranges amères ioduré et les liniments antiarthritiques, appliqués avec de la ouate recouverte de taffetas gommé. Depuis bientôt trois ans que ce traitement est suivi, aux époques seulement, bien entendu, où les crises avaient lieu, il n'en est pas reparu de nature à faire garder le lit, et la marche, suspendue depuis longtemps, a été reprise sans interruption.

14. — Madame N...., âgée de 48 ans, caissière dans un magasin, éprouve tous les ans, pendant l'hiver, des gonflements articulaires dans les coudes, les poignets et les genoux. Ces symptômes, qui sont évidemment sous la dépendance d'une affection rhumatismale arthritique, ont été attaqués par les douches et bains de vapeur, les liniments, etc. ; mais, jusqu'à l'époque où cette dame vint nous consulter, elle n'avait obtenu que des améliorations passagères et assez insignifiantes. Nous conseillons le sirop ioduré de Laroze. Cette préparation employée à la dose de deux, puis trois cuillerées à bouche pendant une saison entière, fit disparaître chez notre malade une affection fort douloureuse qui existait depuis plusieurs années.

15. — Madame V...., âgée de 28 ans, d'un tempérament lymphatique très-prononcé, est affectée au genou droit d'un gonflement qui rend la marche douloureuse et fort difficile. Plusieurs traitements ont déjà été employés sans produire d'amélioration. Nous soumettons cette dame à l'usage du sirop d'écorces d'oranges ioduré, et au bout de quinze jours de cette nouvelle médication, nous notons une amélioration sensible qui, trois mois et demi plus tard, se termine par une guérison complète.

Maladies des yeux.

16. — M. L...., âgé de 12 ans, tempérament scrofuleux, est atteint d'une blépharite double, avec callosité des paupières et chute des cils. Quelques petites taies, qui se forment aussi sur la cornée transparente, commencent à obscurcir la vue. Traité sans succès par plusieurs oculistes distingués qui, ne voyant dans ces accidents qu'une affection locale, n'avaient pas cru devoir prescrire un traitement interne, ce jeune malade nous est amené. Nous le soumettons à l'usage du sirop d'écorces d'oranges amères ioduré, et au bout de huit mois de cette médication, la guérison est complète.

17 — Madame T...., âgée de 52 ans, s'apercevant depuis quelque temps que sa vue diminuait sensiblement, consulta deux oculistes célèbres, qui reconnurent une cataracte double commençante et conseillèrent d'attendre patiemment le moment favorable pour l'opération. Cette dame nous ayant demandé notre avis, afin de savoir s'il n'y avait pas moyen de s'opposer aux progrès du mal pour éviter une opération qui lui causait les plus vives appréhensions, nous l'engageâmes à suivre un traitement que nous avions vu réussir plusieurs fois entre les mains du professeur A. Bérard, et qui consiste dans l'emploi de l'iodure de potassium et des purgatifs fréquemment répétés. Nous donnâmes la préférence au sirop d'écorces d'oranges amères ioduré et aux purgatifs salins. Cette médication fut suivie avec persévérance pendant une année, et au bout de ce temps la vue s'était notablement améliorée et l'on put constater que les cristallins avaient recouvré en partie leur transparence normale.

Nous devons noter aussi que cette malade, qui avait la figure couverte de boutons et de rougeurs que l'on désigne sous le nom de *Couperose*, fut entièrement débarrassée de cette affection si rebelle, sous l'influence du traitement que nous avions prescrit.

IODURE DE FER

Les préparations ferrugineuses ont pris aujourd'hui une place si importante dans la matière médicale, leur valeur thérapeutique est si bien démontrée, qu'on peut les mettre au premier rang parmi les agents modificateurs de l'économie animale.

Le fer, dit M. Mialhe, concourt à la production de l'élément organique par excellence, du globule sanguin.

Liebig a prouvé que les globules du sang renferment une combinaison de fer et qu'aucune autre partie vivante ne renferme du fer.

D'après MM. Andral et Gavarret, le sang des chlorotiques contient tout autant de fibrine que le sang de l'individu le mieux portant, mais moins de fer.

Le fer est donc au nombre des éléments constituants de notre organisme.

Les préparations ferrugineuses sont nombreuses ; mais toutes ne jouissent pas, à beaucoup près, de la même efficacité ; il importe de faire un choix parmi elles. Nous allons indiquer, d'après M. Bouchardat, quelques règles qui pourront servir de guide à cet égard : 1° il faut que le fer soit à l'état de protoxyde ou à l'état de métal qui, dans l'estomac, se convertit en sel de protoxyde ; 2° il faut que le protoxyde soit uni à un acide ou à un corps qui puisse être assimilé.

La combinaison du protoxyde de fer avec l'iode remplit ces conditions ; aussi est-ce à cette préparation que nous accorderons la préférence. Il suffit, du reste, pour justifier ce choix, de citer l'opinion de M. le professeur Bouchardat, si bon juge en pareille matière : « L'iodure de fer, dit le savant thérapeutiste, est un excellent médicament, qui participe des propriétés du fer et de l'iode. Il rend de grands services dans le traitement de la chlorose. Il est très-utile pour combattre la phthisie, la leucorrhée, les engorgements lymphatiques et scrofuleux. C'est un médicament fréquemment employé et qui mérite de l'être. » Ajoutons que l'iodure de fer, étant très-soluble, remplit par conséquent toutes les conditions d'une bonne préparation ferrugineuse.

Voici, d'après MM. Bretonneau, de Tours, et le professeur Trousseau, qui ont étudié avec tant de soin les propriétés des ferrugineux, les principales affections dans lesquelles ils agissent d'une manière toute spécifique : la chlorose et ses manifestations qui comprennent des accidents nerveux de toute sorte, tels que l'hystérie, les spasmes, les névralgies ; l'aménorrhée ou absence de règles, la dysménorrhée (menstruation douloureuse), la stérilité, la leucorrhée ou flueurs blanches ; l'anémie ou diminution de la quantité normale du sang à la suite d'hémorragies ou de fièvres graves ; les affections scorbutiques et celles qui ont pour point de départ une diminution dans les globules sanguins ; certaines formes enfin de la phthisie.

La médication tonique, dit M. le professeur Trousseau dans son *Traité de thérapeutique*, rend de la tonicité aux tissus, reconstitue les fonctions assimilatrices, et imprime à l'organisme de la résistance vitale. Et, en tête de cette médication, il place le fer qu'il range parmi les toniques purs.

Et plus loin, il ajoute : « Il nous paraît impossible de pouvoir jamais se passer de fer dans le traitement des maladies des femmes. Ce métal rend de tels services, et surtout des services si exclusifs, qu'on doit le placer à côté du quinquina. »

Dans les engorgements lymphatiques et scrofuleux qui affectent les jeunes gens des deux sexes, et principalement les jeunes filles, l'iodure de fer rendra de grands services et pourra même être employé concurremment avec l'iodure de potassium, surtout si l'on soupçonnait quelque germe d'affection constitutionnelle. Mais, lorsqu'il n'y aura qu'un appauvrissement du sang, il suffira seul pour obtenir la guérison.

Doses et modes d'administration. — Nous répéterons ici ce que nous avons déjà dit, en parlant des doses auxquelles on devait administrer l'iodure de potassium. Il est impossible de fixer des règles précises à cet égard, attendu que la quantité du médicament comme la durée de la médication doivent toujours être subordonnées à l'âge, au sexe, au tempérament des individus, ainsi qu'à la nature, à la marche et à la durée de la maladie. Comme pour l'iodure de potassium, nous dirons encore que généralement les agents thérapeutiques sont donnés à trop forte dose, et que le succès d'une médication dépend plus souvent de sa durée que de la quantité du médicament ingéré.

Nous devons signaler ici les inconvénients occasionnés par les ferrugineux, tels que pesanteurs de tête, vertiges, fatigues d'estomac, constipation assez opiniâtre remplacée quelquefois par de la diarrhée, indice d'une irritation du tube digestif, qui obligent souvent à interrompre, sinon à cesser complétement, un traitement loin encore d'être terminé. Mais aujourd'hui, il n'y a plus à redouter ces accidents. C'est encore à M. J.-P. Laroze que l'on doit ce progrès. Le succès du sirop d'écorces d'oranges amères à l'iodure de potassium lui a suggéré l'idée d'incorporer l'iodure de fer à cet excellent sirop, et la faveur avec laquelle a été accueillie cette préparation nouvelle est venue justifier toutes les prévisions.

Le sirop d'écorces d'oranges amères à l'iodure de fer contient une proportion de fer toujours exacte et définie, soit 0,05 centigrammes d'iodure ferreux par 20 grammes de sirop, ou une cuillerée à bouche, et 0,0125 (12 milligrammes et demi) par 5 grammes ou une cuillerée à café de sirop. Comme pour l'iodure de potassium, le sirop d'écorces d'oranges amères facilite l'absorption de l'iodure de fer, le rend plus assimilable et neutralise ses propriétés irritantes. Pour les adultes, la dose sera en moyenne de une à trois cuillerées à bouche par jour, et pour les enfants de une à trois cuillerées à café. Les préparations ferrugineuses, pour ne pas fatiguer l'estomac, doivent toujours être prises avant les repas.

Parmi les observations que nous avons recueillies sur l'emploi du sirop d'écorces d'oranges amères à l'iodure de fer, en voici quelques-unes de nature à faire ressortir l'efficacité de cette préparation.

1. — Mademoiselle N...., âgée de 17 ans et demi, est depuis plusieurs années pâle et languissante; le moindre exercice la fatigue et lui occasionne de violentes palpitations ; la menstruation ne s'est pas encore établie, et il existe, depuis six mois environ, des flueurs blanches qui vont en augmentant de jour en jour. Nous prescrivons à cette jeune personne le sirop d'écorces d'oranges amères à l'iodure de fer, à faible dose d'abord, et de deux cuillerées à café seulement dans la journée nous arrivons graduellement à deux cuillerées à bouche sans occasionner aucun dérangement. Au bout de trois mois de ce traitement, les règles s'établissent et paraissent régulièrement tous les mois, la pâleur disparaît ainsi que les flueurs blanches, et une santé floris-

sante vient remplacer l'état de faiblesse et de langueur qui avait si longtemps effrayé les parents de mademoiselle N.... Le traitement a été continué pendant près d'une année.

2.—M. G...., âgé de 22 ans, fils d'un riche négociant des colonies, a été pris, il y a dix-huit mois, d'une attaque de fièvre jaune qui a mis ses jours en danger. Depuis cette époque, il n'a pu recouvrer sa santé première ; il y a chez ce jeune homme un état anémique très-prononcé et une grande paresse dans toutes les fonctions, que nous attribuons à une perturbation profonde du système nerveux. Nous conseillons le sirop d'écorces d'oranges amères ferrugineux, et après deux mois seulement de son emploi, nous constatons chez notre malade une amélioration des plus prononcées, qui se termine par une guérison complète, trois mois plus tard.

3. — Madame T...., âgée de 25 ans, éprouve depuis deux ans environ des crampes d'estomac qui la font horriblement souffrir ; elle est pâle, et depuis quelque temps s'aperçoit de flueurs blanches qui ne la quittent qu'à l'époque de ses règles, fort peu colorées, pour revenir ensuite. Six mois de traitement avec le sirop d'écorces d'oranges amères ferrugineux suffisent pour ramener une santé parfaite.

4. — Madame X...., âgée de 36 ans, à la suite de sa dernière couche, il y a quatre ans, eut des pertes qui occasionnèrent une très-grande faiblesse et dont elle ne s'est jamais bien remise. De plus, il s'est déclaré des douleurs nerveuses de l'estomac et des flueurs blanches. Le sirop ferrugineux de Laroze fait disparaître ces symptômes morbides, après un traitement de quatre mois.

5.—M. D...., âgé de 48 ans, est atteint d'un *purpura hæmorrhagica* qui l'a mis dans un état de faiblesse excessif. Nous prescrivons le sirop d'écorces d'oranges amères ferrugineux à forte dose, et au bout de dix jours de ce traitement, tout rentre dans l'ordre, et les pertes de sang cessent complétement pour ne plus reparaître.

AVIS IMPORTANT

Dans les consultations par correspondance qui sont journellement demandées, il arrive souvent que le manque de renseignements suffisants rend la prescription du traitement fort difficile sinon impossible ; on devra donc remplir les indications suivantes qui sont autant d'interrogations auxquelles il est indispensable de répondre : Age — Sexe — Profession — Marié ou célibataire — Maladies antérieures : moyens employés — Constitution — Tempérament — Etat de la poitrine — Etat de l'estomac et des intestins : digestion, sécrétions — Etat du système nerveux.

Nota. — Les demandes de consultations devront toujours être adressées *directement* et *franco* à M. le docteur Desparquets, rue de Cléry, 96, à Paris.

NOTICE
SUR LE |SIROP D'ÉCORCES D'ORANGES AMÈRES

Par **J.-P. LAROZE**, Chimiste, Pharmacien de l'École supérieure de Paris.

PARTIE THÉRAPEUTIQUE

Tous les auteurs sans exception, médecins ou pharmacologistes, reconnaissent l'action de l'écorce d'oranges amères sur l'économie. Tous la proclament comme **tonique, stimulante, anti-spasmodique, anti-nerveuse.** La matière médicale, quelque riche qu'elle soit, ne nous offre pas une autre substance aussi franchement amie de l'estomac et des intestins, jouissant des mêmes propriétés, dont le principe tonique et amer soit aussi facilement supporté par nos organes, et pris par le malade avec autant de plaisir. En jetant un coup d'œil sur les pharmacopées étrangères, on y trouve nombre de préparations de cette écorce qui attestent que les praticiens les plus célèbres lui ont reconnu des propriétés réelles. Celle de ces préparations que l'expérience et l'usage ont adoptée comme préférable à toutes les autres, est le sirop dont les propriétés cependant ont été contestées, en raison du peu de régularité et d'attention qui présidait à la préparation d'un médicament auquel on n'attachait qu'une importance très-secondaire. Mais, s'il existe une vérité à jamais démontrée, c'est que ce qui est essentiellement bon, réellement utile, finit toujours par triompher d'un préjugé injuste, de l'oubli, de la défiance ou de l'indifférence. Que peuvent en effet, contre l'évidence, les passions et l'injustice? les faits ne sont-ils pas là pour renverser les obstacles répandus et accrédités par des intérêts contraires? Quand on veut livrer à l'expérience ou au jugement d'hommes impartiaux, éclairés et compétents, une substance nouvelle, ou un agent thérapeutique modifié, il faut d'abord établir, avec les preuves à l'appui, ce qu'il promet comme ce qu'il peut, et jeter sur l'étude de sa composition, par une analyse exacte et rigoureuse, un jour certain, ne laissant rien de douteux, rien d'obscur pour personne, afin que tous, même ses ennemis systématiques, bien pénétrés de son avenir réel, lui accordent sympathie et intérêt. Il était indispensable de suivre cette marche pour le sirop d'écorces d'oranges, si longtemps plongé dans l'oubli, et qui, avec un nombreux cortége de services rendus, de guérisons sans nombre, vient de conquérir, parmi les ANTI-SPASMODIQUES PUISSANTS, le premier rang qu'il saura désormais s'y conserver.

Son action est connue de tous les praticiens, dans les affections spasmodiques de l'estomac et des intestins ; il excite l'appétit, facilite les digestions, combat les gastro-entéralgies, les gastro-entérites chroniques, détruit les aigreurs, en réagissant sur le système nerveux qui préside aux sécrétions. La présence dans le sirop de la matière oléo-résineuse explique son action laxative jusqu'à ce jour méconnue, et son utilité dans la constipation habituelle, causée par la diminution des sécrétions muqueuses et biliaires. Son action est fondante dans les engorgements bilieux du foie, de la rate, du mésentère ; apéritive dans l'ictère, en facilitant la perméabilité des canaux du foie, de manière à déterminer des évacuations abondantes de bile, de concrétions et de calculs biliaires.

Aujourd'hui le sirop d'écorces d'oranges amères a fait ses preuves ; sa puissance médicatrice est telle, dans une foule de cas pathologiques, qu'il est devenu l'excipient réel des deux principaux agents de la matière médicale, l'IODURE DE POTASSIUM et le PROTO-IODURE DE FER, qu'il rend facilement assimilables, et d'une déglutition aisée et agréable.

Voici les termes textuels dans lesquels s'exprimait la *Gazette des Hôpitaux civils et militaires* le 22 novembre 1843, n° 140, tome V, 2ᵉ série :

« **Le Sirop d'écorces d'oranges** préparé par infusion aqueuse laissait beaucoup à désirer, et pour les doses, et pour la thérapeutique. La formule ci-dessus proposée par **M. LAROZE** permet d'obtenir un médicament toujours le même, toujours constant dans son effet curatif ; son action tonique et stomachique est reconnue dans les affections attribuées à l'atonie de l'estomac et du canal alimentaire. »

PARIS. — IMP. W. REMQUET, GOUPY ET Cᵉ, RUE GARANCIÈRE, 5.